AF586267

RAPPORT

SUR LES

CHAMPS DE DÉMONSTRATION

AVOINE — BLÉ — ORGE

PAR

A. HOUZEAU

Directeur de la Station agronomique de la Seine-Inférieure

(3e ANNÉE)

ROUEN

Imprimerie Emile DESHAYS et Cie

58, rue des Carmes, 58

1888

MEMBRES DE LA COMMISSION DES CHAMPS DE DÉMONSTRATION

MM. le Préfet ;

Bret, secrétaire général ;

Lesouef, député ;

Houzeau, directeur de la station agronomique, correspondant de l'Institut ;

Fortier, président du Comice agricole de l'arrondissement de Rouen ;

Burel, vice-président de la Société d'encouragement à l'agriculture de l'arrondissement du Havre ;

Saint-Requier, membre de la Chambre consultative d'agriculture de l'arrondissement d'Yvetot ;

Rasset, président du Comice agricole de l'arrondissement de Neufchâtel ;

Lacointe, président de la Société d'Agriculture de l'arrondissement de Dieppe ;

Dr Blanche, professeur départemental d'agriculture ;

Philippe, professeur départemental d'agriculture ;

Gautier, professeur départemental d'agriculture ;

Bornot, membre de la Société nationale d'encouragement à l'agriculture, propriétaire à Valmont ;

Breton, vice-président de la Société d'Agriculture de l'arrondissement de Dieppe ;

Grille, agriculteur, membre de la Société centrale d'agriculture.

Mulot, propriétaire à Puys ;

Bailhache, cultivateur à Foucart ;

Geulin, cultivateur à Tourville-Fécamp ;

Prunier, cultivateur à Duclair ;

Lefebvre, propriétaire à Bosseville-Bonsecours ;

Suplice, à Martigny ;

Bordeaux, chef de division, secrétaire.

RAPPORT

SUR

LES CHAMPS DE DÉMONSTRATION

AVOINE, BLÉ ET ORGE.

MONSIEUR LE PRÉFET,

J'ai l'honneur de vous faire connaître les résultats pratiques obtenus sur les Champs de Démonstration de la Seine-Inférieure, pendant l'année 1888.

Ils ont trait à la culture de l'avoine.

Cependant le zèle et le dévouement de MM. les Professeurs départementaux ont donné à ces Champs une plus grande extention ; quelques-uns comprennent aussi la culture du blé d'hiver et de l'orge.

Enfin, des essais de culture sur de plus petites surfaces ont été également entrepris, en vue d'éclairer pour les années suivantes, l'application des engrais complémentaires, à l'augmentation des récoltes ; de sorte qu'en réalité, mon rapport de cette année comprend quatre parties :

1° Les résultats de la culture de l'avoine ;

2° Les résultats de la culture du blé et de l'orge ;

3° Les résultats des essais de culture ;

4° Les résultats des champs auxiliaires de démonstration.

I

Résultats de la culture de l'avoine.

Je m'empresse de constater que ces résultats confirment entièrement ceux des années antérieures.

Voici d'ailleurs le résumé en argent, des dépenses et des excédants de récoltes obtenus par hectare :

	Dépenses	Excédants de récolte.
1 — Foucart [1].	205 f. »	154 f. 80
2 — Envermeu	128 86	56 74
3 — Tourville-Fécamp	113 62	36 23
4 — Quevilly	169 05	212 33
Moyennes....	154 f. 13	115 f. 02

Ce qui veut dire qu'en dépensant en moyenne par hectare 154 fr. en plus sur le champ de démonstration, on a augmenté l'excédant de récolte au point que sa valeur en argent rembourse ce capital engrais et laisse en plus un boni net de 115 fr., qui représente un intérêt de 75 °/° du capital avancé.

Les tableaux 1, 2, 3, 4, placés à la fin du rapport, contiennent tous les détails des opérations, tandis que le tableau A ci-dessous, les résume fidèlement.

(1) Par suite de l'année exceptionnellement humide, l'avoine de Tartarie a versé à Foucart dans une partie du champ à engrais intensif, ainsi que dans une plus petite partie du champ à engrais complet non intensif.

TABLEAU A

ÉCOLE DÉPARTEMENTALE D'AGRICULTURE

ET STATION AGRONOMIQUE DE LA SEINE-INFÉRIEURE

Siège à Rouen, route de Caen et rue des Murs-Saint-Yon

RÉSUMÉ DE LA RÉCOLTE A L'HECTARE

Toute la récolte a été battue et pesée

AVOINE DE PRINTEMPS — 1888

TABLEAU COMPOSÉ PAR M. HOUZEAU

	1. ARRONDISSEMENT D'YVETOT — FOUCART (Professeur : M. Houzeau. Cultivateur : M. Barbaches.)				2. ARRONDISSEMENT DE DIEPPE — ENVERMEU (Professeur : M. Gautier. Cultivateur : M. Breton.)				3. ARRONDISSEMENT DU HAVRE — TOURVILLE-FÉCAMP (Professeur : M. Philippe. Cultivateur : M. Gaulin.)				4. ARRONDISSEMENT DE ROUEN — QUEVILLY (Professeur : M. Houzeau. Cultivateur : M. Lefebvre.)			
	CHAMP DE DÉMONSTRATION		CHAMP TÉMOIN		CHAMP DE DÉMONSTRATION		CHAMP TÉMOIN		CHAMP DE DÉMONSTRATION		CHAMP TÉMOIN		CHAMP DE DÉMONSTRATION		CHAMP TÉMOIN	
	Avoine sur Blé avec engrais chimiques.		Avoine sur Blé culture ordinaire sans engrais chimiques		Avoine sur Blé avec engrais chimiques.		Avoine sur Blé culture ordinaire		Avoine sur Blé avec engrais chimiques		Avoine sur Blé culture personnelle		Avoine sur Blé avec engrais chimiques, et fumier 9.000 k		Avoine sur Blé culture ordinaire avec fumier seul 18.000 k	
Nom de la semence	Avoine noire de Tartarie		Avoine noire de Tartarie		Avoine noire de Brie		Avoine noire de Brie		Avoine blanche de Californie		Avoine blanche de Californie		Avoine blanche de Flandre		Avoine blanche de Flandre	
Poids employé et son prix	270 k	86 f 40	270 k	86 f 40	200 k	60 f	200 k	60 f	275 k	77 f	275 k	77 f	160 k	32 f	160 k	32
Nombre d'hectolitres de grain obtenu Poids de l'hectolitre	67 h 45 k		38 h 45 k		60 h 46 k		43 h 46 k		56 h 52 k		43 h 52 k		54 h 43 k		24 h 40 k	
PRODUIT TOTAL		Valeur argent		Valeur argent		Valeur argent		Valeur argent		Valeur argent		Valeur argent		Valeur argent		Valeur argent
Paille et balles à raison de 48 fr. les 1000 k.	4.776 k	229 f	2.293 k	96 f 20	4.390 k	210 f 72	3.408 k	163 f 55	4.996 k	244 f 50	4.544 k	218 f 13	6.614 k	317 f 47	2.776 k	181 f 25
Grain net à raison de 18 fr. les 100 k.	3.022	544 f	1.797	317 f 25	2.760	496 f 80	1.392	358 f 35	2.922	530 f 45	2.261	406 f 97	2.322	417 f 96	960	172 f 80
VALEUR TOTALE		773 f 25		413 f 45		707 f 50		521 f 90		774 f 95		625 f 10		735 f 43		354 f 05
à diminuer les frais d'engrais, d'épandage, de récolte et divers (1) déduction faite de l'excédant de chaume.		205 f 00				128 f 86				113 f 62				169 f 05		
Produit net du Champ de Démonstration		568 f 25				578 f 64				661 f 33				566 f 38		
Produit du Champ Témoin		413 f 45				521 f 90				625 f 10				354 f 05		
d'où excédent en faveur du Champ de Démonstration, par hectare		154 f 80				56 f 74				36 f 23				212 f 33		
(1) FRAIS OU DÉPENSES POUR LES ENGRAIS CHIMIQUES EMPLOYÉS.																
Sulfate d'ammoniaque	150 k	31 f			100 k	35 f			100 k	33 f			200 k	65 f		
Nitrate de soude	200 k	50 f			100 k	27 f			200 k	44 f						
Superphosphate de chaux	300 k	25 f 50			300 k	24 f							600 k	30 f		
Phosphate fossile	130 k	36 f			100 k	23 f			100 k	30 f			100 k	22 f		
Sels de potasse	300 k	27 f 50			Salde de mer	2 f			Chaux 1 k	20 f			Cendres de chaux	[illegible]		
Plâtre																
Engrais divers																
Frais de transport, d'intérêt, de mélange et divers		15 f 30				10 f 86				14 f 12				20 f 90		
		185 f 30				121 f 86				141 f 12				146 f 90		

(Voir les détails aux tableaux spéciaux)

Nom de la semence.
Poids employé et son prix
Nombre d'hectolitres de grain obtenu
Poids de l'hectolitre
PRODUIT TOTAL
Paille et balles à raison de 48 fr. les 1000 k.
Grain net à raison de 18 fr. les 100 k.
VALEUR TOTALE.
à diminuer les frais d'engrais, d'épandage, de récolte et divers (1) déduction faite de l'excédant de chaume.
Produit net du Champ de Démonstration.
Produit du Champ Témoin.
d'où excédent en faveur du Champ de Démonstration par hectare.
(1) FRAIS OU DÉPENSES POUR LES ENGRAIS CHIMIQUES EMPLOYÉS.
Sulfate d'ammoniaque.
Nitrate de soude.
Superphosphate de chaux.
Phosphate fossile.
Sels de potasse.
Plâtre.
Engrais divers.
Frais de transport, d'intérêt, de mélange et divers
(Voir les détails aux tableaux spéciaux)

CONCLUSIONS

1. FOUCART : En dépensant 205 fr. en plus sur le Champ de Démonstration, on a porté la recette de 413 fr. 45 du Champ Témoin à 773 fr. 25, soit un boni net de 154 fr. 80, c'est-à-dire 75 % du capital avancé.

2. ENVERMEU : En dépensant 128 fr. 86 en plus sur le Champ de Démonstration, on a porté la recette de 521 fr. 90 du Champ Témoin à 707 fr. 50, soit un boni net de 56 fr. 74, c'est-à-dire 44 % du capital avancé.

3. TOURVILLE : En dépensant 113 fr. 62 en plus sur le Champ de Démonstration, on a porté la recette de 625 fr. 10 du Champ Témoin à 774 fr. 95, soit un boni net de 36 fr. 23, c'est-à-dire 32 % du capital avancé.

4. QUEVILLY : En dépensant 169 fr. 05 en plus sur le Champ de Démonstration, on a porté la recette de 354 fr. 05 du Champ Témoin à 735 fr. 43, soit un boni net de 212 fr. 33, c'est-à-dire 125.5 % du capital avancé.

OBSERVATION

A la place des prix (Paille et Grain) indiqués par les praticiens de la Commission des Champs de Démonstration, prix pouvant varier suivant les époques et la région, il est toujours possible au Cultivateur désirant se rendre compte de l'importance réelle du boni obtenu, de substituer à ces chiffres, ceux qu'il croira mieux répondre aux exigences commerciales de sa culture et de sa situation personnelle.

Nous appelons principalement son attention sur les excédents de récolte produits par les Engrais chimiques.

Cette année, les résultats du champ de démonstration de Montérollier ne figurent pas dans ces tableaux. La cause en est à la destruction presque totale de la récolte dans les deux champs (Témoin et Démonstration), par les vers blancs. Si les engrais chimiques n'ont pas eu cette année les effets préservatifs qui avaient été signalés l'année dernière, c'est qu'à dessein et en vue d'une expérience spéciale MM. Blanche et Rasset avaient fait usage, pour le blé et l'avoine, d'un engrais chimique d'une autre composition que le précédent (1). Mais l'engrais qui a préservé des mans la récolte de blé de 1887 (Été très sec) a encore eu la même influence heureuse pour l'orge en 1888 (Été froid et pluvieux). Quelques praticiens croient que cette influence destructive des engrais à l'égard des

(1) Voici d'ailleurs la composition de ces engrais employés par hectare :

	ENGRAIS ayant préservé le Blé en 1887 et l'Orge en 1888 de l'action destructive des mans.		ENGRAIS n'ayant pas préservé le Blé et l'Avoine en 1888 de l'action destructive des mans.
Sulfate d'ammoniaque	75 k.	Nitrate de soude	100 k.
Superphosphate à 13 % d'acide soluble	400		100
Chlorure de potassium à 50 % de potasse	125		50
Sulfate de magnésie	25		
Plâtre	200		350

M. Rasset opère de la manière suivante : il enfouit d'abord la moitié de l'engrais par un labour, épand ensuite en couverture l'autre moitié et herse.

Il serait d'une grande importance que les résultats ainsi obtenus pour combattre l'effet destructeur des mans fussent contrôlés dans d'autres cantons.

mans est simplement due à la plus grande quantité de principes fertilisants employée, et nullement à la nature plus ou moins toxique des ingrédients chimiques proprement dits, au point qu'ils pensent que l'emploi d'une grande quantité de fumier, 40 ou 60.000 kilogs par hectare, aurait produit les mêmes effets de préservation de la récolte. M. Rasset est d'un avis tout contraire. Il attribue à l'influence des engrais chimiques la préservation dont le champ de démonstration a été l'objet, alors que les deux champs témoins qui le bordent, se trouvent dévastés. Mais il est nécessaire que l'engrais ait une certaine composition.

On a fait remarquer à l'occasion du boni constaté sur le champ de démonstration de Quevilly, que l'addition de 1.000 kilogs de cendrée de chaux, proportion faible d'ailleurs, sur le champ de démonstration, avait pu participer à l'excédant de la récolte, ajoutant sa propre action a celle des engrais chimiques.

L'observation est exacte ; mais on ne saurait en conclure qu'il y a eu épuisement du sol, et que l'exédant de récolte s'est fait au détriment de la composition initiale de la terre, car en sus de cet élément calcaire, les principes azotés, phosphatés et potassiques avaient été épandus en proportion supérieure aux besoins d'une récolte de 23 quintaux d'avoine. Cette chaux a pu mettre en jeu, des réactions qui ont fait développer la plante et amener ainsi le résultat cherché par tous les praticiens : un surcroît de production amenant une plus grande recette. Le vieux proverbe : « La chaux enrichit le père et ruine les enfants », cesse d'être moins applicable à l'agriculture moderne, lorsqu'en même temps, ce que ne pouvaient faire nos devanciers, on ajoute au calcaire, l'azote, l'acide phosphorique et la potasse correspondant aux besoins de la récolte visée. Il ne faut pas oublier en outre, qu'à un exédant de récolte correspond un exédant de chaume qui demeure en terre, où il se transforme ultérieurement en humus[1]. L'art du praticien consiste précisément à connaître les forces de la production qu'il pourra mettre en jeu pour le développement d'une plus grande somme de richesse. M. Lefebvre ne les ignore pas, et il a réussi.

Une amélioration cependant nécessaire à apporter aux champs de Quevilly, c'est l'emploi des machines pour faire plus rapidement la moisson afin d'en rendre par cela

---

(1) C'est pour n'avoir pas tenu compte de la valeur en argent de cet excédant de chaume qui devient un engrais, que l'auteur de la critique parue dans un journal de la localité émet l'opinion que la dépense de **19 fr. 50**, 7 fr. 30, 2 fr. 50, **22** fr. 15 est insuffisante pour payer les frais divers de la récolte (faucher, lier, charrier, battre, etc.).

Nous sommes de son avis. Mais l'erreur, c'est lui qui la commet et non pas les professeurs départementaux.

Voici, en effet, les frais divers portés pour l'excédant de récolte dans les champs de démonstration. (Tableaux 1-2-3-4).

1. Foucart	25 f. 50
2. Envermeu	10 30
3. Tourville.	8 70
4. Quevilly	30 45

même le contrôle plus facile. C'est ce qui aura lieu l'année prochaine.

II

Résultats de la culture du blé d'hiver et de l'orge.

Cette culture comprend en tout 10 champs, dont la récolte a été pesée : 5 champs témoins et 5 champs de démonstration.

Les détails sont consignés dans les tableaux annexés à la fin de ce rapport.

Voici le résumé de la partie économique des opérations :

			Boni net en faveur du champ de démonstration par hectare.
ENVERMEU MM. Breton et Gautier.	(tableau 5).—	Blé...	307 fr. 35
TOURVILLE-FÉCAMP MM. Geulin et Philippe.	(tableau 6).—	Blé...	25 fr. 70
MONTÉROLLIER MM. Blanche et Rasset.	(tableau 7).—	Orge..	105 fr. 89
DUCLAIR MM. Prunier et Philippe.	(tableau 8).—	Blé...	65 fr. 00
QUEVILLY MM. Houzeau et Lefebvre.	(tableau 9).—	Blé et orge	45 fr. 90
Moyenne du boni par hectare....			110 fr. 00

La moyenne des dépenses pour engrais chimiques et frais divers, étant de 151 fr. 35 par hectare (voir les tableaux spéciaux 5 à 9), il s'ensuit qu'avec une avance de 151 fr. 35, la récolte a donné un boni moyen de 110 f. par hectare, tous les frais d'engrais, d'épandage, etc., payés. Le capital avancé a donc produit un intérêt de 73 %.

III

Résultats des champs d'essai.

Il était intéressant de rechercher jusqu'à quel point les résultats fournis en quelques jours par l'analyse chimique du sol pouvaient renseigner le praticien sur le degré de fertilité de sa terre, alors que pour apprécier cette fertilité par la voie culturale, il lui fallait six mois ou un an et parfois plus encore si les saisons n'étaient pas propices. Nous avions inféré d'après la composition de la terre de Foucart, inscrite au tableau 1, qu'elle appartenait à la catégorie des terres fertiles et que pour y viser une récolte déterminée il n'y avait qu'à lui apporter les engrais à la dose de restitution.

M. Bailhache s'est prêté comme toujours, et avec sa compétence éclairée, à l'application de ces principes.

Il a fait l'analyse du sol par la culture :

Sept parcelles d'un are chacune ont été disposées sur une sole aussi homogène que possible. — L'une d'elles (n° 5), n'a reçu aucun engrais et sa récolte a donné le degré de fertilité initiale de la terre. Les autres parcelles ont reçu un engrais incomplet, c'est-à-dire dans lequel il manquait un des éléments que la terre devait fournir, sauf la parcelle 1, dont l'engrais était complet.

Dès le mois de juin les parcelles aux engrais azotés se distinguaient des autres par la couleur vert foncé de la récolte.

Malheureusement un accident est venu jeter le trouble dans les résultats de la parcelle 6 et surtout de la parcelle 7 qui a été presque entièrement énvahie par le bétail. Nous avons pu, lors des pesées qui ont été faites par les soins de la Station, au moment de la récolte, tenir compte des dégâts peu importants de la parcelle 6, mais les chiffres qui sont dont donnés pour le rendement de la parcelle 7, ne sont qu'approximatifs (1).

Les résultats généraux de l'expérience sont d'ailleurs insrits dans le tableau B.

---

(1) Ajoutons que par suite de la grande humidité qui a régné pendant l'été de 1888, l'avoine a versé un peu sur la parcelle 1, et passablement sur les parcelles 6 et 7. En 1887, année très sèche, la même avoine n'avait versé dans aucun champ de la ferme.

Tableau B.

Champs d'Essai. — Foucart. — Cultivateur : M. Bailhache.

AVOINE NOIRE DE TARTARIE
SUR BLÉ

SEMENCE EMPLOYÉE PAR ARE : 2 k. 70.

1888. — Été pluvieux et froid. — Résultats de la récolte.

NUMÉROS des Champs.	NATURE ET DOSE des Engrais par are.	RÉCOLTE PAR ARE	NATURE ET DOSES des Engrais rapportées à l'hectare	RÉCOLTE rapportée à l'hectare.
1	ENGRAIS COMPLET : Nitrate de soude... 4 k. » Superphosphate..... 4 » Chlorure de potassium 1 50	Grain.......... 27 k. » Paille.......... 54 » Balles.......... 2 »	ENGRAIS COMPLET : Nitrate de soude.... 400 k. Superphosphate..... 400 Chlorure de potassium 150	Grain.......... 2.700 k. Paille.......... 5.400 Balles.......... 200
2	SANS AZOTE : Superphosphate..... 4 k. » Chlorure de potassium 1 50	Grain.......... 18 k. » Paille.......... 30 » Balles.......... » 80	SANS AZOTE : Superphosphate..... 400 k. Chlorure de potassium 150	Grain.......... 1.800 k. Paille.......... 3.000 Balles.......... 80
3	SANS PHOSPHATE : Nitrate de soude.... 4 k. » Chlorure de potassium 1 50	Grain.......... 28 k. » Paille.......... 56 » Balles.......... 2 20	SANS PHOSPHATE : Nitrate de soude.... 400 k. Chlorure de potassium 150	Grain.......... 2.800 k. Paille.......... 5.600 Balles.......... 220
4	SANS POTASSE : Nitrate de soude... 4 k. » Superphosphate..... 4 »	Grain.......... 27 k. 90 Paille.......... 50 50 Balles.......... 2 30	SANS POTASSE : Nitrate de soude.... 400 k. Superphosphate..... 400	Grain.......... 2.790 k. Paille.......... 5.050 Balles.......... 230
5	SANS ENGRAIS.	Grain.......... 17 k. 20 Paille.......... 24 90 Balles.......... 1 80	SANS ENGRAIS.	Grain.......... 1.720 k. Paille.......... 2.490 Balles.......... 180
6	AZOTE AMMONIACAL SEUL. Sulfate d'ammoniaque 3 k. »	Grain.......... 24 k. 76 Paille.......... 47 96 Balles.......... 3 »	AZOTE AMMONIACAL SEUL. Sulfate d'ammoniaque 300 k.	Grain.......... 2.476 k. Paille.......... 4.796 Balles.......... 300
7	AZOTE NITRIQUE SEUL. Nitrate de soude ... 4 k. »	Grain.......... 22 k. 50? Paille.......... 39 » ? Balles.......... 4 50?	AZOTE NITRIQUE SEUL. Nitrate de soude.... 400 k.	Grain.......... 2.250 k. ? Paille.......... 3.900 ? Balles.......... 450 ?

Il ressort nettement des données de ce tableau que les prévisions tirées de l'analyse chimique se sont réalisées.

La richesse initiale du sol en acide phosphorique et en potasse, a rendu inutile l'apport en potasse et en phosphate puisque le rendement en grain et en paille de la parcelle n° 1 à engrais complet n'est pas supérieur à celui des parcelles n° 3 sans phosphate, et n° 4 sans potasse. La dépense en ces deux éléments fertilisants n'a eu pour effet que d'éviter un appauvrissement du sol.

On voit, en outre, quelle a été l'importance considérable de la matière azotée. — Là où elle manque (n° 2), alors que les autres principes fertilisants existent, le rendement tend à se confondre avec celui de la parcelle n° 5 sans engrais, tandis qu'au contraire un apport d'azote (parcelles 1, 3, 4, 6), élève de suite la production du grain de 17 quintaux dans la parcelle 5 sans engrais, à 27 quintaux (n° 1), 28 quintaux (n°s 3 et 4), c'est-à-dire que l'azote a amené une assimilation contingente de potasse et d'acide phosphorique qui sans lui seraient demeurés stériles pour la présente récolte (1).

L'habileté de l'agronome consiste à trouver pour une terre donnée et suivant les exigences de la culture, les proportions relatives d'azote, de potasse et d'acide phosphorique nécessaires. Il est prudent, dans tous les cas,

---

(1) Cette observation confirme entièrement celles qui ont été faites antérieurement par M. Risler.

de pécher plutôt par l'excès d'acide phosphorique [1] qui lui n'est pas entraîné par les eaux, d'autant plus que les terres de la Seine-Inférieure sont généralement pourvues de potasse.

IV

Résultats des champs auxiliaires de démonstration.

Nous avons cherché à nous rendre compte, dans quelle mesure on pouvait abaisser la dépense en engrais complémentaires, de façon à obtenir un boni moindre, mais aussi sans l'obligation de faire à la terre une avance trop importante de capital.

L'expérience culturale a été faite à Foucart et avec le concours si précieux de M. Bailhache. Pour rendre les résultats comparables, cette culture économique a été faite sur 1/2 hectare de la même terre qui portait le champ de démonstration et même le champ témoin (cul-

---

(1) On doit enfouir à l'automne pour le printemps les phosphates fossiles en poudre fine ainsi que les scories phosphoreuses, à la dose par hectare d'environ 1.000 à 500 kil. pour les fossiles qui titrent de 18 à 34 % d'acide phosphorique, et de 700 kil. pour les scories à 16 % d'acide phosphprique. On épand ensuite au printemps les sels azotés surtout le nitrate de soude, et s'il y a lieu le sel potassique.

Les scories contenant du protoxyde de fer et de la chaux libre, ne doivent pas être mélangées avec le nitrate de soude ni au sulfate d'ammoniaque (Grandeau).

ture ordinaire sans engrais, c'est-à-dire n'ayant que le fumier qui avait servi au blé). Par conséquent, mêmes influences de climat, de sol, de compost, de semence, etc. Il n'y avait que la quantité des engrais chimiques qui variait.

En même temps, comme autre point de comparaison sur 1/2 hectare de la même terre, on a cultivé la même avoine sur blé, avec une addition complémentaire de 26.000 kil. de bon fumier. Le tableau qui suit, indique les résultats obtenus.

Tableau K.

Avoine noire de Tartarie sur blé (1/2 hectare dont toute la récolte a été pesée).

RÉSULTATS RAPPORTÉS A L'HECTARE. — *Semence employée* : **270** *kilog.*

	C		D		E		H	
	Champ témoin Culture ordinaire, le blé ayant été fumé.		Champ de démonstration Engrais chimiques et frais supplémentaires : **205** fr.		Champ auxiliaire Engrais chimiques et frais supplémentaires : **133** fr.		Champ auxiliaire 26,000 k. de fumier et frais supplémentaires : **169** fr.	
	Poids	Valeur	Poids	Valeur	Poids	Valeur	Poids	Valeur
Grain (Poids de l'hect. : 44 k. 60), à 18 f. les 100 k.	1.707 k.	307 f.	3.022 k.	544 f.	2.208 k.	397 f.	1.900 k.	342 f.
Paille et Balles à 48 fr. les 1,000 k.	2.213	106	4.776	229	3.448	165	3.082	148
Valeur totale de la récolte.		413 f.		773 f.		562 f.		490 f.
Sulfate d'ammon., à 20,5 % d'azote : — 34 f. les 100 k.			150	51	100	34		
Nitrate de soude, à 15,5 % azote : — 25 fr. les 100 k.			200	50	132	33		
Superphosphate de chaux, à 14 % acide phosphorique soluble : — 8 f. 50 les 100 kil.			300	25	200	17		
Chlorure de potassium, à 50 % potasse : — 24 f. les 100 kil.			150	36	100	24		
Plâtre : — 2 fr. 50 les 100 kil.			300	7	200	5		
Frais divers ; transport ; épandage ; main-d'œuvre supplémentaire de la récolte ; intérêt, etc., etc.				36		20		30
Fumier, à 75 % d'eau : 8 fr. les 1,000 k. = 2/3 au compte avoine { Azote . . . 7,2 ; Acide phosphorique . 4,0 ; Potasse . . . 6,0 }								139
Dépense totale				205 f.		133 f.		169 f.
Conclusion.								
Résultats économiques de la culture :								
Produit net du champ (valeur de la récolte, diminuée du prix de l'engrais et des frais)				568		429 f.		321 f.
Produit du champ témoin				413		413		413
Excédent ou perte.				155 f. Excédent.		16 f. Excédent.		92 f. Perte.

Il ressort de ce tableau :

1° Qu'une dépense supplémentaire en fumier de ferme à raison de 169 f. par hectare, a amené une perte de 92 f. (colonne H), ce qui du reste était à prévoir, les éléments fertilisants du fumier n'ayant pas eu le temps d'être assimilés pendant la courte période d'évolution de l'avoine. Cette culture n'a profité en grande partie que du fumier restant de la sole de blé. Néanmoins l'apport du fumier au printemps a élevé, grâce probablement à l'été pluvieux, de 193 kil. (1.900 kil. — 1.707 kil. = 193 kil.), le rendement en grain, et de 869 kil., celui de la paille. Ces résultats justifient l'habitude qu'ont nos cultivateurs de ne pas fumer l'avoine ;

2° Qu'une avance faite au sol de 133 fr. d'engrais chimiques, n'a produit qu'un excédant de récolte de 16 fr. par hectare, alors qu'une avance de 205 f. de ces mêmes engrais, a élevé ce boni à 155 fr., c'est-à-dire qu'il a suffi d'un apport de 72 fr. en plus, pour déterminer un grand surcroît de production.

Ce fait sera de la plus haute importance, pour la pratique agricole, quand il aura été confirmé sur une terre de moins bonne qualité que celle de la ferme de Foucart. Des expériences de culture, intituées à ce point de vue, par la Station, sont en voie d'exécution.

Dans tous les cas, le boni véritable dans la culture de l'avoine avec les doses différentes d'engrais (colonnes D, E). est encore plus élevé que ne le signale le tableau.

C'est ce qu'on peut démontrer en appliquant les données scientifiques à la discussion de ces résultats.

Une récolte d'avoine assimile (paille et grain), des quantités de principes fertilisants : azote, acide phosphorique, potasse, d'autant plus grandes, qu'elle a été elle-même plus élevée. Voici la teneur totale de ces principes pour deux récoltes données :

	RÉCOLTE PAR HECTARE	
	30 qx d'avoine.	22 qx d'avoine.
Azote (dans le grain, la paille et les balles	72 k°	53 k°
Acide phosphorique (dans le grain, la paille et les balles)	24	18
Potasse (dans le grain, la paille et les balles	60	44

En ne considérant seulement, pour la simplicité de la démonstration, que l'influence de l'acide phosphorique, cela veut dire qu'une récolte de 22 ou de 30 quintaux d'avoine, étant visée, il faut que la plante trouve dans le sol et les engrais, 18 ou 24 kil. d'acide phosphorique disponible. Au-dessous de ces doses, les 22 ou 30 quintaux d'avoine visés ne sont pas réalisables, puisque l'acide phosphorique en quantités notables, n'a d'autre origine que le sol et les engrais.

C'est pourquoi, afin de rendre possible ces rendements, on a mis dans l'engrais du champ auxiliaire E, 200 kil. de superphosphate titrant 28 kil. d'acide phosphorique.

et dans l'engrais du champ de démonstration D, 300 kil. de superphosphate, dosant 42 kil. d'acide phosphorique.

Il ne suffit pas encore que la *dose de restitution* de l'engrais soit distribuée à la plante, il faut aussi qu'elle lui soit remise sous une forme assimilable, et c'est pour tenir compte dans une certaine limite des difficultés de cette assimilation, qu'on doit majorer la dose de restitution. C'est pourquoi on a mis dans l'engrais, 28 et 42 kil. d'acide phosphorique, au lieu de 18 et 24 kil. qui théoriquement étaient nécessaires. Le même raisonnement s'applique à l'autre élément minéral, la potasse, en tenant compte en outre, des exigences de la plante à l'époque de la floraison, car c'est à ce moment qu'elle consomme la quantité maximum d'alcali dont une partie est ensuite restituée au sol, sans être définitivement fixée dans la récolte. Quand la terre est riche en potasse, comme c'est le cas dans la ferme de Foucart (elle en renferme une dose totale de 2,8 ‰) (1), on lui laisse, dans un but d'économie, le soin de pourvoir en potasse, aux besoins de la plante pendant la floraison.

En somme, on voit que loin d'avoir appauvri le sol en acide phosphorique, la récolte de 30 quintaux d'avoine ou 68 hectolitres en a laissé 18 kil. qui profiteront à la récolte suivante. Ce serait donc de ce chef seulement, une réduction de 9 fr. à faire sur la dépense en engrais

---

(1) Dont un dixième environ est facilement soluble dans l'acide nitrique.

pour le champ de démonstration (D) et par suite une augmentation de la même somme dans l'excédant. Les excédants 155 fr. (D) et 16 fr. (E), ne sont donc en réalité que des minimum.

Dans tous les cas, cet exemple montre quels progrès la science a introduits dans la pratique agricole. Le cultivateur peut à *priori* connaître la dose des agents fertilisants nécessaires à la production d'une récolte donnée, de même que l'ingénieur règle la force motrice de la vapeur suivant une consommation déterminée de charbon. Sans doute, l'aléa des intempéries de l'hiver et de l'été n'est pas conjuré ; on lutte encore contre d'autres fléaux : les insectes, les corpuscules végétaux, etc. Mais il ne reste pas moins établi que si le blé par exemple, ne trouve pas disponible dans la terre et les engrais, 20, 30 ou 40 kil. d'acide phosphorique, par hectare associés aux autres principes indispensables : azote, potasse, *jamais* la récolte ne pourra atteindre 20, 30 ou 40 hectolitres même dans les meilleures années, même avec l'énergie de ceux qui se livrent aux rudes travaux des champs.

Le cultivateur doit discuter ses moyens d'action pour augmenter en sa faveur les chances de succès Il ne lui suffit plus d'opérer comme ses devanciers. Les conditions économiques du pays changent. La main-d'œuvre augmente et la valeur de la terre diminue. Autres temps, autres méthodes. Il est utile de mettre à profit les découvertes modernes. L'incrédulité est en cette circonstance une mauvaise conseillère. A aucune époque, elle n'a su inspirer un progrès ni résoudre aucun problème.

On peut le dire à la louange du Conseil général de la Seine-Inférieure : sous tous les régimes, il s'est montré le plus fervent promoteur des moyens propres à venir en aide à l'agricuture du département. Il y a plus d'un demi-siècle, il créait le premier en France, les chaires d'enseignement agricole qui existent encore aujourd'hui. L'an passé, faisant un plus large pas en avant, il fondait avec le concours de l'Etat et sur votre initiative, Monsieur le Préfet, l'Ecole pratique d'agriculture d'Aumale, destinée à former de jeunes praticiens instruits que la culture de notre région utilisera bien vite pour l'amélioration de ses procédés. Plus que jamais il y aura place dans nos campagnes pour ceux qui sauront à la fois manier l'outillage moderne et appliquer les principes qui régissent l'augmentation des rendements. Il est aisé de faire de l'agriculture avec de l'argent. Ce qu'il faut obtenir, c'est de faire de l'argent avec l'agriculture. Les champs de démonstration indiquent l'une des voies à suivre. Les premiers essais en sont fort encourageants. Ce serait à désespérer de l'avenir du pays, si notre grande industrie nationale ne trouvait pas, avec le concours de l'instruction technique, le capital nécessaire à l'amélioration de ses procédés alors que déjà elle dispose, en outre de l'intelligence et du labeur, d'un capital d'exploitation de **8 milliards**, avec une production brute annuelle de **19 milliards**. (Tisserand).

Les désastres financiers de notre époque ont assez englouti de revenus avec le capital pour que l'exemple ne serve pas la cause de l'agriculture. L'absence de sécurité dans certains placements doit ramener, vers le sol, l'épargne qui s'en était momentanément éloignée.

Espérons que le *bas de laine,* toujours de tradition dans nos campagnes, ne s'expatriera plus.

En terminant, je me fais un devoir de vous signaler, Monsieur le Préfet, la coopération active de MM. Rasset, Bailhache, Breton, Geulin, Lefebvre, et Prunier à l'œuvre des Champs de démonstration. Leurs concours nous à été des plus utiles. Au nom des professeurs de l'Ecole départementale, je leur exprime mes remerciements.

Veuillez agréer, Monsieur le Préfet, l'assurance de mon respect.

Le Directeur de la Station agronomique,
membre correspondant de l'Institut,
A. HOUZEAU.

Rouen, le 31 décembre 1888.

Post-Scriptum. — Je joins à titre d'annexes pour être consultés a l'occasion, et afin que chaque auteur conserve la responsabilité de son œuvre, les tableaux complets qui contiennent les détails des opérations des Champs de chaque arrondissement et tels qu'ils ont été remplis par MM. les Professeurs départementaux.

Rouen. — Imp. Emile DESHAYS et Cᵒ, rue des Carmes, 58.

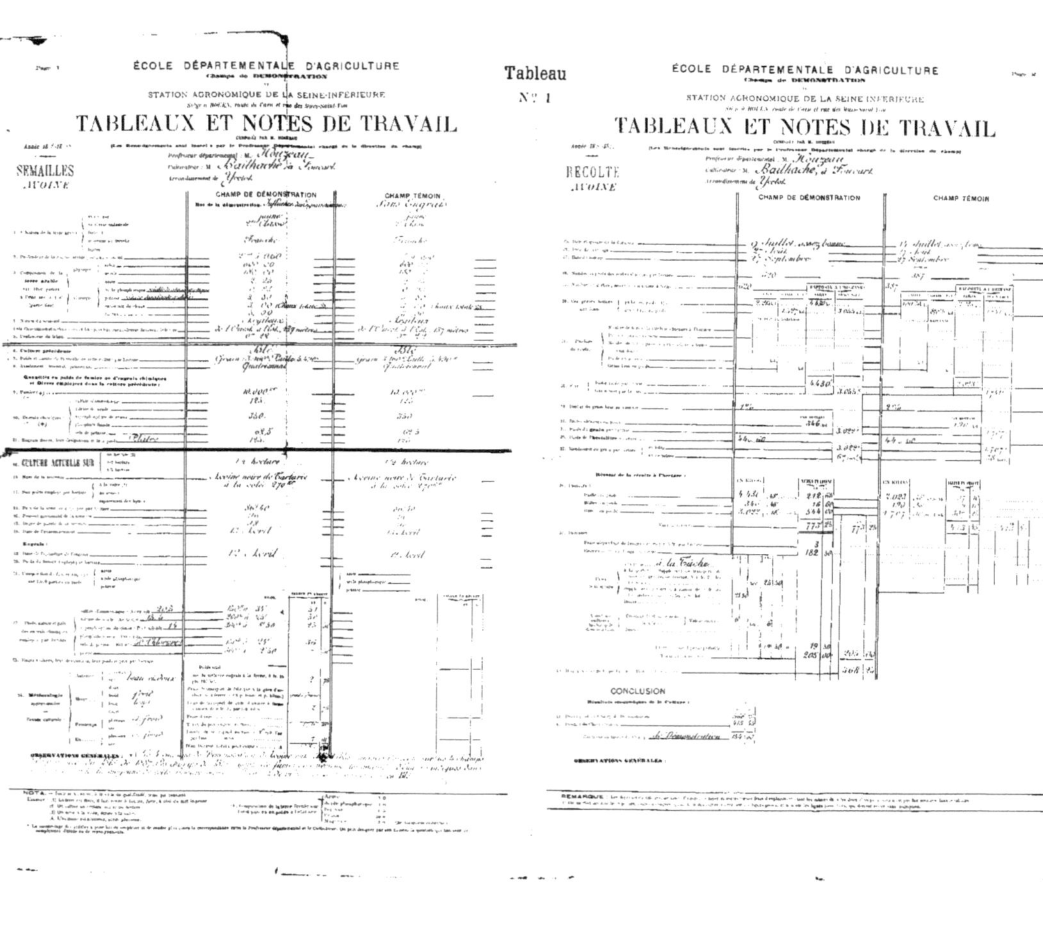

Tableau

N° 1

Page 1

ÉCOLE DÉPARTEMENTALE D'AGRICULTURE

Champs de DÉMONSTRATION

STATION AGRONOMIQUE DE LA SEINE-INFÉRIEURE

TABLEAUX ET NOTES DE TRAVAIL

SEMAILLES

AVOINE

Professeur départemental : M. Houzeau

Cultivateur : M. Bailhache, à Foucart

Arrondissement de Yvetot

CHAMP DE DÉMONSTRATION

CHAMP TÉMOIN

Sans Engrais

Culture précédente

Blé

CULTURE ACTUELLE SUR

1/2 hectare

Avoine noire de Tartarie à la cote 270

12 Avril

OBSERVATIONS GÉNÉRALES :

NOTA.

Page 2

ÉCOLE DÉPARTEMENTALE D'AGRICULTURE

Champs de DÉMONSTRATION

STATION AGRONOMIQUE DE LA SEINE-INFÉRIEURE

TABLEAUX ET NOTES DE TRAVAIL

RECOLTE

AVOINE

Professeur départemental : M. Houzeau

Cultivateur : M. Bailhache, à Foucart

Arrondissement de Yvetot

CHAMP DE DÉMONSTRATION

CHAMP TÉMOIN

Juillet

Août

Septembre

CONCLUSION

la Démonstration

OBSERVATIONS GÉNÉRALES :

REMARQUE.

Tableau N° 2

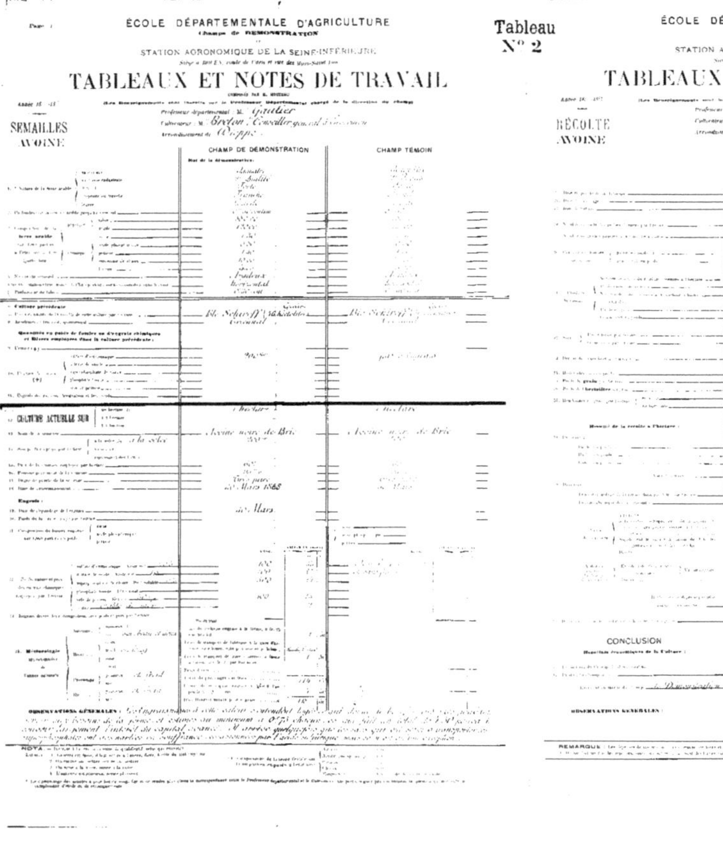

ÉCOLE DÉPARTEMENTALE D'AGRICULTURE

Champs de DÉMONSTRATION

STATION AGRONOMIQUE DE LA SEINE-INFÉRIEURE

TABLEAUX ET NOTES DE TRAVAIL

SEMAILLES AVOINE

Professeur départemental : M. Gaultier

Cultivateur : M. Breton, Conseiller général d'Envermeu

Arrondissement de Dieppe

	CHAMP DE DÉMONSTRATION	CHAMP TÉMOIN
Culture précédente	Blé Scharff Vakdlalen	Blé Scharff
CULTURE ACTUELLE SUR	1 hectare	1 hectare
Nom de la semence	Avoine noire de Brie	Avoine noire de Brie
Époque des semailles	22 Mars 1868	
Engrais	21 Mars	

ÉCOLE DÉPARTEMENTALE D'AGRICULTURE

Champs de DÉMONSTRATION

STATION AGRONOMIQUE DE LA SEINE-INFÉRIEURE

TABLEAUX ET NOTES DE TRAVAIL

RÉCOLTE AVOINE

Professeur départemental : M. Gaultier

Cultivateur : M. Breton, Conseiller Général d'Envermeu

Arrondissement de Dieppe

	CHAMP DE DÉMONSTRATION	CHAMP TÉMOIN
	Avoine noire de Brie avec Engrais chimiques	Avoine noire de Brie sans aucun Engrais
Époque de la récolte	1er Août	1er Août
	10 Septembre	6 Septembre
	27 Novembre	2 Novembre
	4390	
	2700	

CONCLUSION

Bénéfices Prévisibles de la Culture

OBSERVATIONS GÉNÉRALES :

REMARQUE

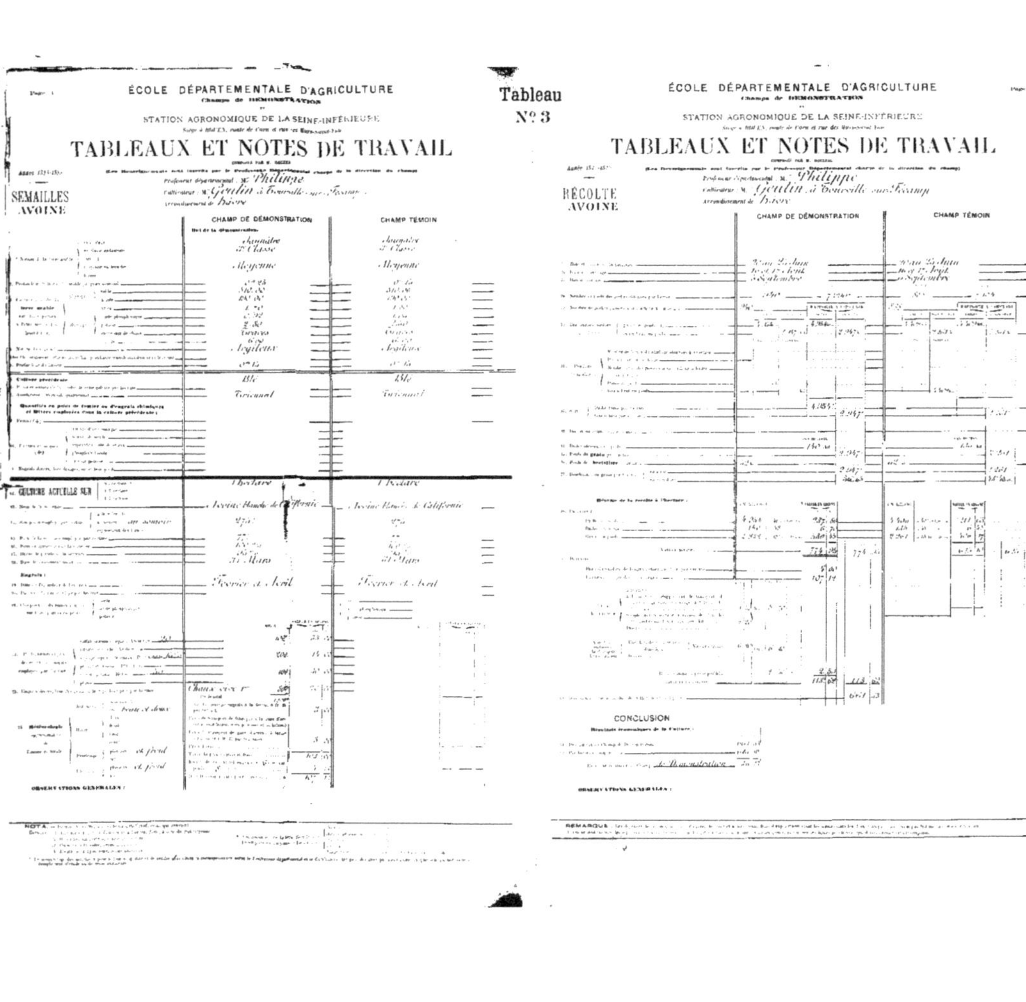

Tableau

N° 3

ÉCOLE DÉPARTEMENTALE D'AGRICULTURE

Champ de DÉMONSTRATION

et

STATION AGRONOMIQUE DE LA SEINE-INFÉRIEURE

TABLEAUX ET NOTES DE TRAVAIL

SEMAILLES

AVOINE

Professeur départemental : M. Philippe

Cultivateur : M. Geulin à Bourville-sur-Fécamp

Arrondissement de Havre

	CHAMP DE DÉMONSTRATION	CHAMP TÉMOIN
But de la démonstration.		
	Jaunâtre	Jaunâtre
	2e Classe	2e Classe
	Moyenne	Moyenne
	Argileux	Argileux
Culture précédente	Blé	Blé
	Triennal	Triennal
CULTURE ACTUELLE SUR	1 hectare	1 hectare
	Avoine blanche de Californie	Avoine blanche de Californie
	31 Mars	31 Mars
Engrais	Février et Avril	Février et Avril

OBSERVATIONS GÉNÉRALES :

NOTA.

ÉCOLE DÉPARTEMENTALE D'AGRICULTURE

Champ de DÉMONSTRATION

et

STATION AGRONOMIQUE DE LA SEINE-INFÉRIEURE

TABLEAUX ET NOTES DE TRAVAIL

RÉCOLTE

AVOINE

Professeur départemental : M. Philippe

Cultivateur : M. Geulin à Bourville-sur-Fécamp

Arrondissement de Havre

	CHAMP DE DÉMONSTRATION	CHAMP TÉMOIN
	20 au 25 Juin	20 au 25 Juin
	16 et 17 Août	16 et 17 Août
	5 Septembre	5 Septembre

CONCLUSION

OBSERVATIONS GÉNÉRALES :

REMARQUE.

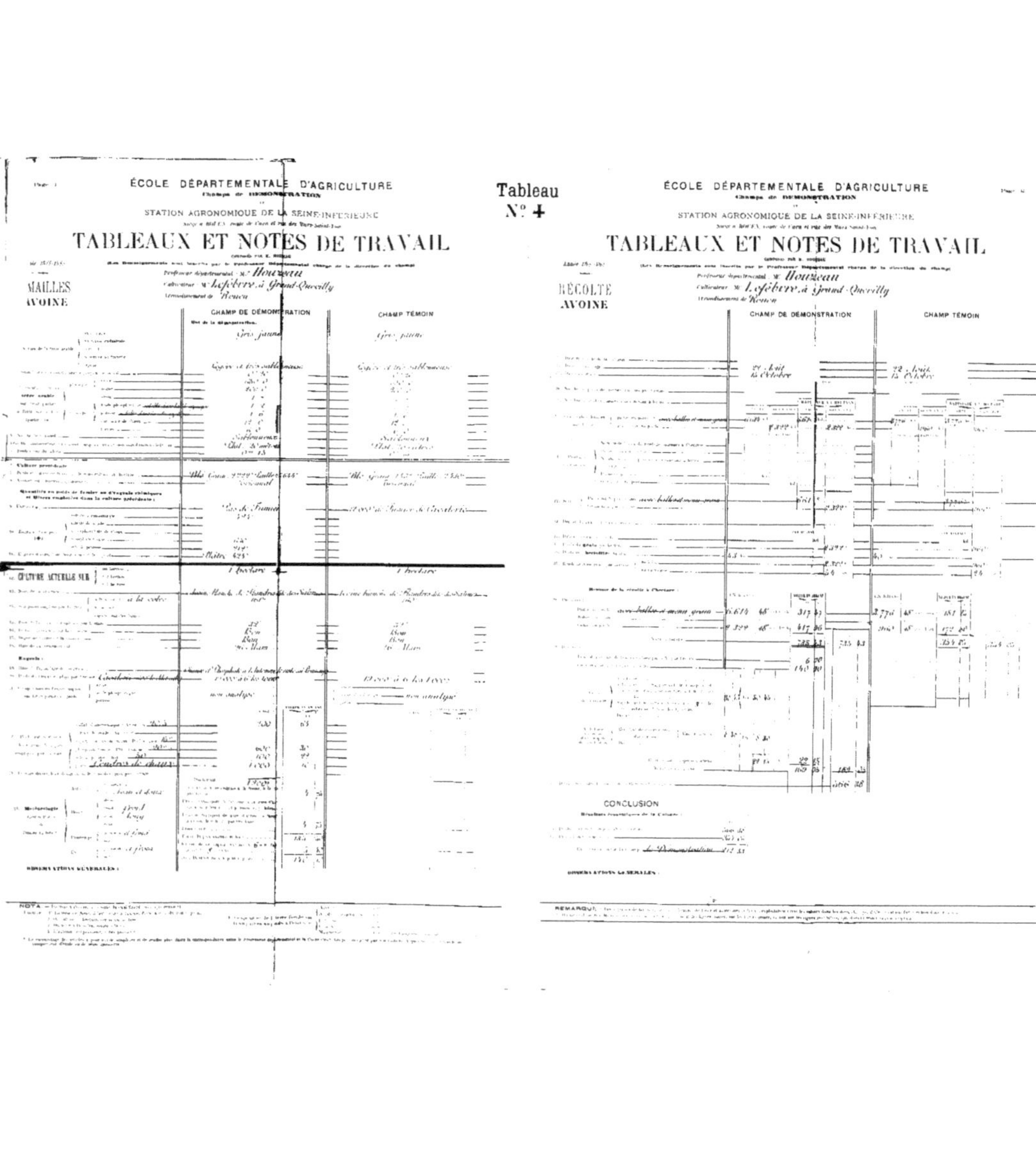

Tableau N° 4

ÉCOLE DÉPARTEMENTALE D'AGRICULTURE
Champ de DÉMONSTRATION
et
STATION AGRONOMIQUE DE LA SEINE-INFÉRIEURE

TABLEAUX ET NOTES DE TRAVAIL

Professeur départemental : M. Houzeau
Cultivateur : M. Lefèbvre, à Grand-Quevilly
Arrondissement de Rouen

SEMAILLES
AVOINE

	CHAMP DE DÉMONSTRATION	CHAMP TÉMOIN
	Gris jaune	Gris jaune
	Argileux et très sablonneux	Argileux et très sablonneux
	Sablonneux	Sablonneux
	Blé Cana ... Paille ...	Blé ... Paille ...
	Pas de Fumier	... de Ferme de Cavalerie
	1 hectare	1 hectare
	32	32
	Bon	Bon
	Bon	Bon
	26 Mars	26 Mars
	non analysé	non analysé
	Cendres de chaux	

OBSERVATIONS GÉNÉRALES :

NOTA. —

ÉCOLE DÉPARTEMENTALE D'AGRICULTURE
Champ de DÉMONSTRATION
et
STATION AGRONOMIQUE DE LA SEINE-INFÉRIEURE

TABLEAUX ET NOTES DE TRAVAIL

Professeur départemental : M. Houzeau
Cultivateur : M. Lefèbvre, à Grand-Quevilly
Arrondissement de Rouen

RÉCOLTE
AVOINE

	CHAMP DE DÉMONSTRATION	CHAMP TÉMOIN
	27 Août	22 Août
	15 Octobre	15 Octobre

CONCLUSION

OBSERVATIONS GÉNÉRALES :

REMARQUE.

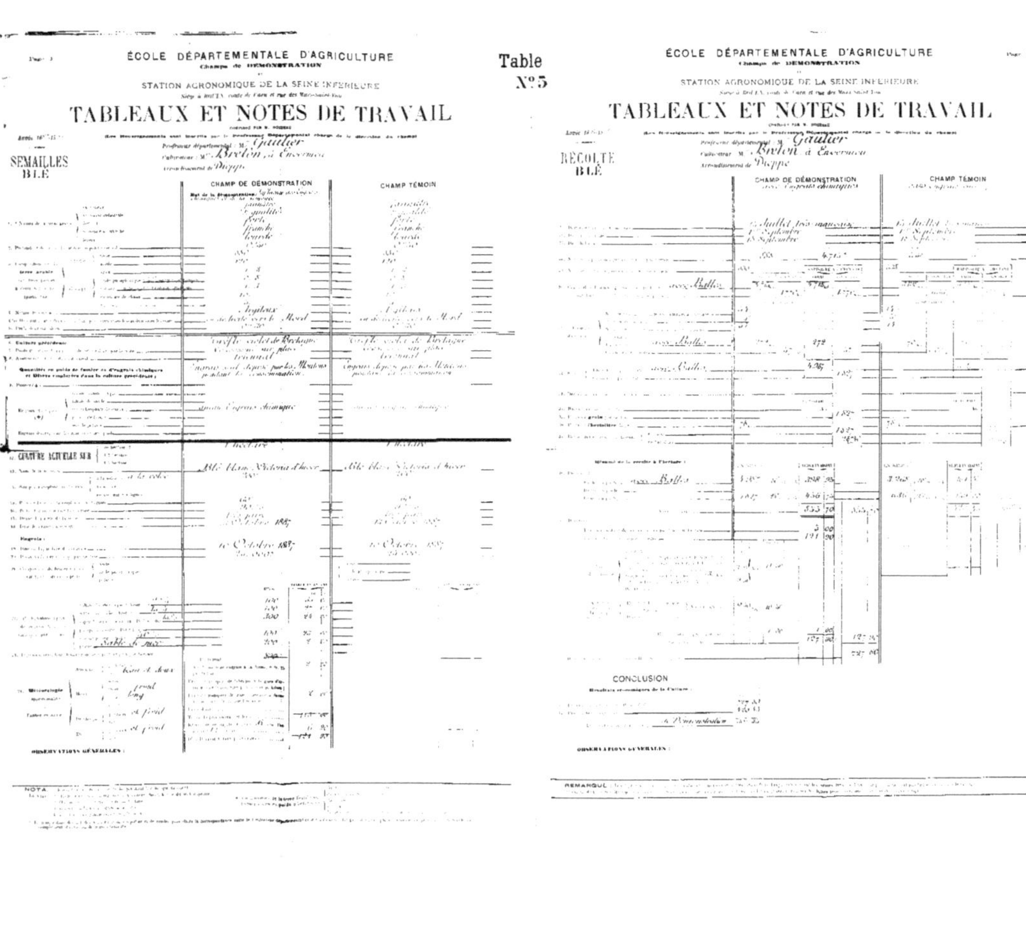

Table N°5

ÉCOLE DÉPARTEMENTALE D'AGRICULTURE
Champ de DÉMONSTRATION
STATION AGRONOMIQUE DE LA SEINE-INFÉRIEURE

TABLEAUX ET NOTES DE TRAVAIL

SEMAILLES
BLÉ

Professeur départemental : M. Gautier
Cultivateur : M. Breton, à Envermeu
Arrondissement de Dieppe

CHAMP DE DÉMONSTRATION | CHAMP TÉMOIN

CULTURE ACTUELLE SUR

OBSERVATIONS GÉNÉRALES :

NOTA

ÉCOLE DÉPARTEMENTALE D'AGRICULTURE
Champ de DÉMONSTRATION
STATION AGRONOMIQUE DE LA SEINE-INFÉRIEURE

TABLEAUX ET NOTES DE TRAVAIL

RÉCOLTE
BLÉ

Professeur départemental : M. Gautier
Cultivateur : M. Breton, à Envermeu
Arrondissement de Dieppe

CHAMP DE DÉMONSTRATION | CHAMP TÉMOIN

CONCLUSION

OBSERVATIONS GÉNÉRALES :

REMARQUE

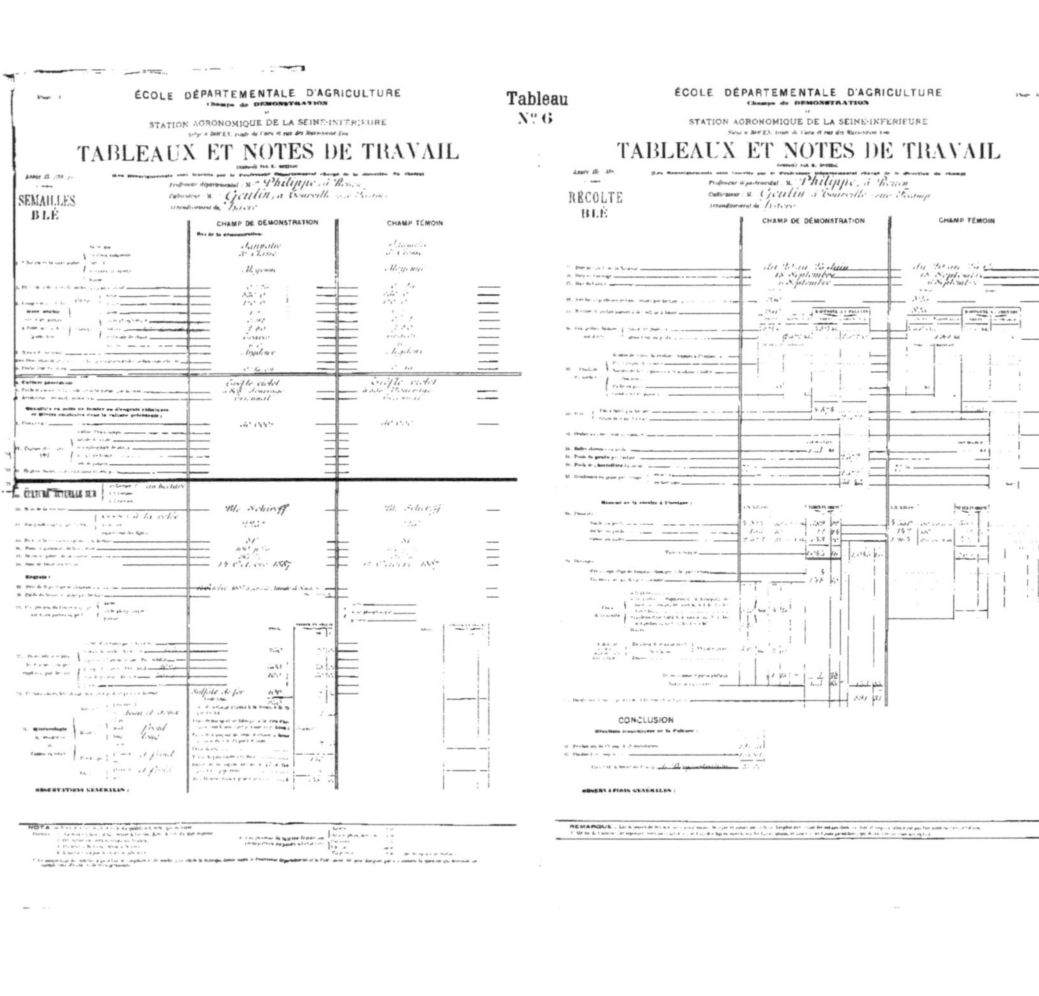

Tableau N° 6

ÉCOLE DÉPARTEMENTALE D'AGRICULTURE
Champ de DÉMONSTRATION
et
STATION AGRONOMIQUE DE LA SEINE-INFÉRIEURE

TABLEAUX ET NOTES DE TRAVAIL

SEMAILLES
BLÉ

Professeur départemental : M. Philippe, à Rouen
Cultivateur : M. Geulin, à Tourville-sur-Fécamp
Arrondissement de Yvetot

	CHAMP DE DÉMONSTRATION	CHAMP TÉMOIN
	Jaunâtre 2e Classe	Jaunâtre 2e Classe
	Moyenne	Moyenne
	Anglaise	Anglaise
Culture précédente	Trèfle violet	Trèfle violet
Culture actuelle	Blé Schireff	Blé Schireff
	14 Octobre 1887	14 Octobre 1887
	Sulfate de fer	

OBSERVATIONS GÉNÉRALES :

ÉCOLE DÉPARTEMENTALE D'AGRICULTURE
Champ de DÉMONSTRATION
et
STATION AGRONOMIQUE DE LA SEINE-INFÉRIEURE

TABLEAUX ET NOTES DE TRAVAIL

RÉCOLTE
BLÉ

Professeur départemental : M. Philippe, à Rouen
Cultivateur : M. Geulin, à Tourville-sur-Fécamp
Arrondissement de Yvetot

	CHAMP DE DÉMONSTRATION	CHAMP TÉMOIN
	du 20 au 25 Juin	du 20 au 25 Juin
	18 Septembre	18 Septembre
	6 Septembre	6 Septembre

CONCLUSION

OBSERVATIONS GÉNÉRALES :

REMARQUE :

Tableau N°7

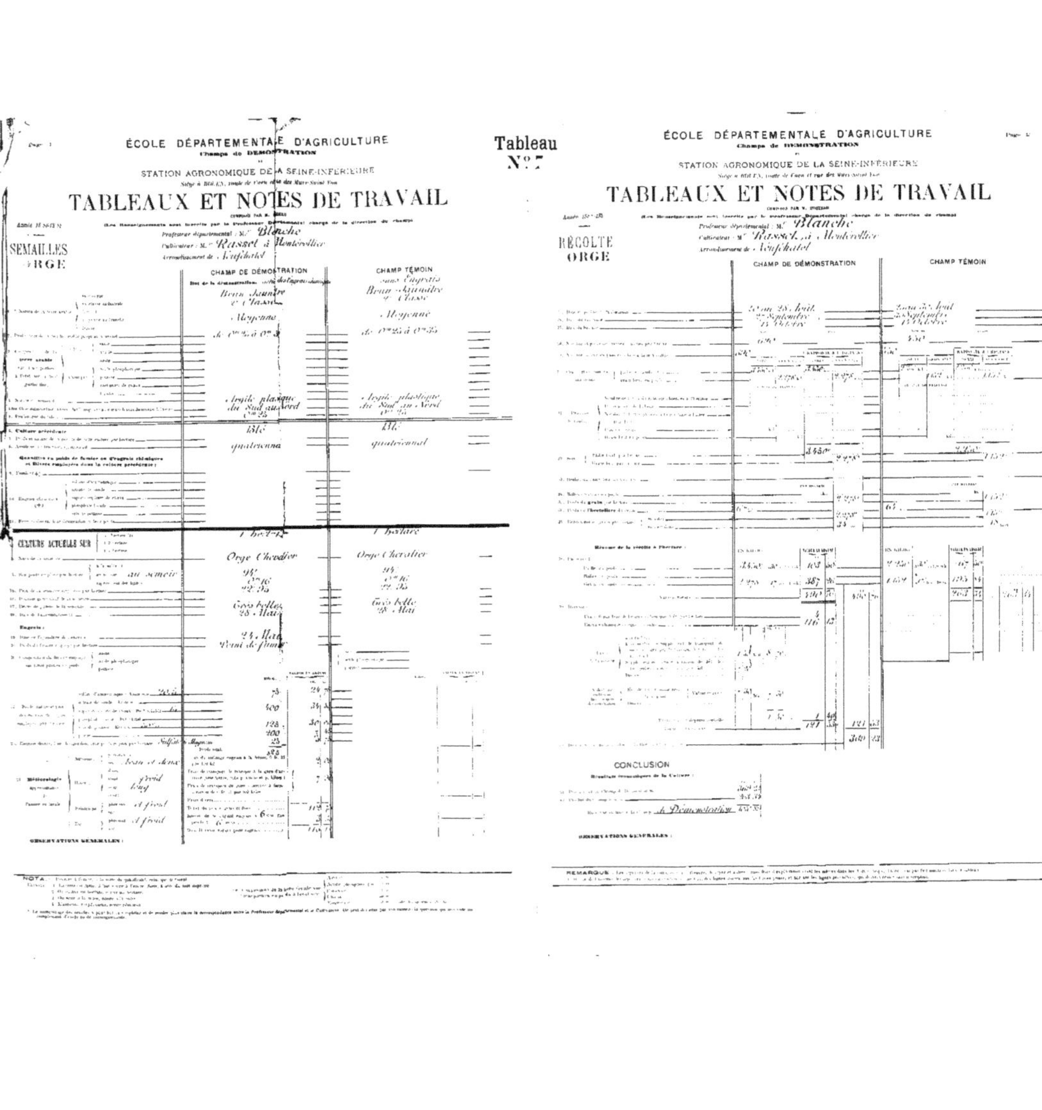

ÉCOLE DÉPARTEMENTALE D'AGRICULTURE
Champ de DÉMONSTRATION
et
STATION AGRONOMIQUE DE LA SEINE-INFÉRIEURE

TABLEAUX ET NOTES DE TRAVAIL

Professeur départemental : M. Blanche
Cultivateur : M. Rassel à Montérollier
Arrondissement de Neufchatel

SEMAILLES
ORGE

	CHAMP DE DÉMONSTRATION	CHAMP TÉMOIN
	Beau Jaunâtre 2e Classe	sans Engrais Beau Jaunâtre 2e Classe
	Moyenne	Moyenne
	de 0m25 à 0m3	de 0m25 à 0m35
	Argile plastique du Sud au Nord	Argile plastique du Sud au Nord
Culture précédente	Blé	Blé
	quatriennal	quatriennal
CULTURE ACTUELLE SUR	1 hectare	1 hectare
	Orge Chevalier	Orge Chevalier
	au semoir	
	Très belle 28 Mai	Très belle 28 Mai
	24 Mai Pani de fumier	

OBSERVATIONS GÉNÉRALES :

NOTA.

ÉCOLE DÉPARTEMENTALE D'AGRICULTURE
Champ de DÉMONSTRATION
et
STATION AGRONOMIQUE DE LA SEINE-INFÉRIEURE

TABLEAUX ET NOTES DE TRAVAIL

Professeur départemental : M. Blanche
Cultivateur : M. Rassel à Montérollier
Arrondissement de Neufchatel

RÉCOLTE
ORGE

	CHAMP DE DÉMONSTRATION	CHAMP TÉMOIN
	25 au 28 Août, 2 Septembre, 15 Octobre	25 au 28 Août, 2 Septembre, 15 Octobre

CONCLUSION

OBSERVATIONS GÉNÉRALES :

REMARQUE.

Tableau N° 8

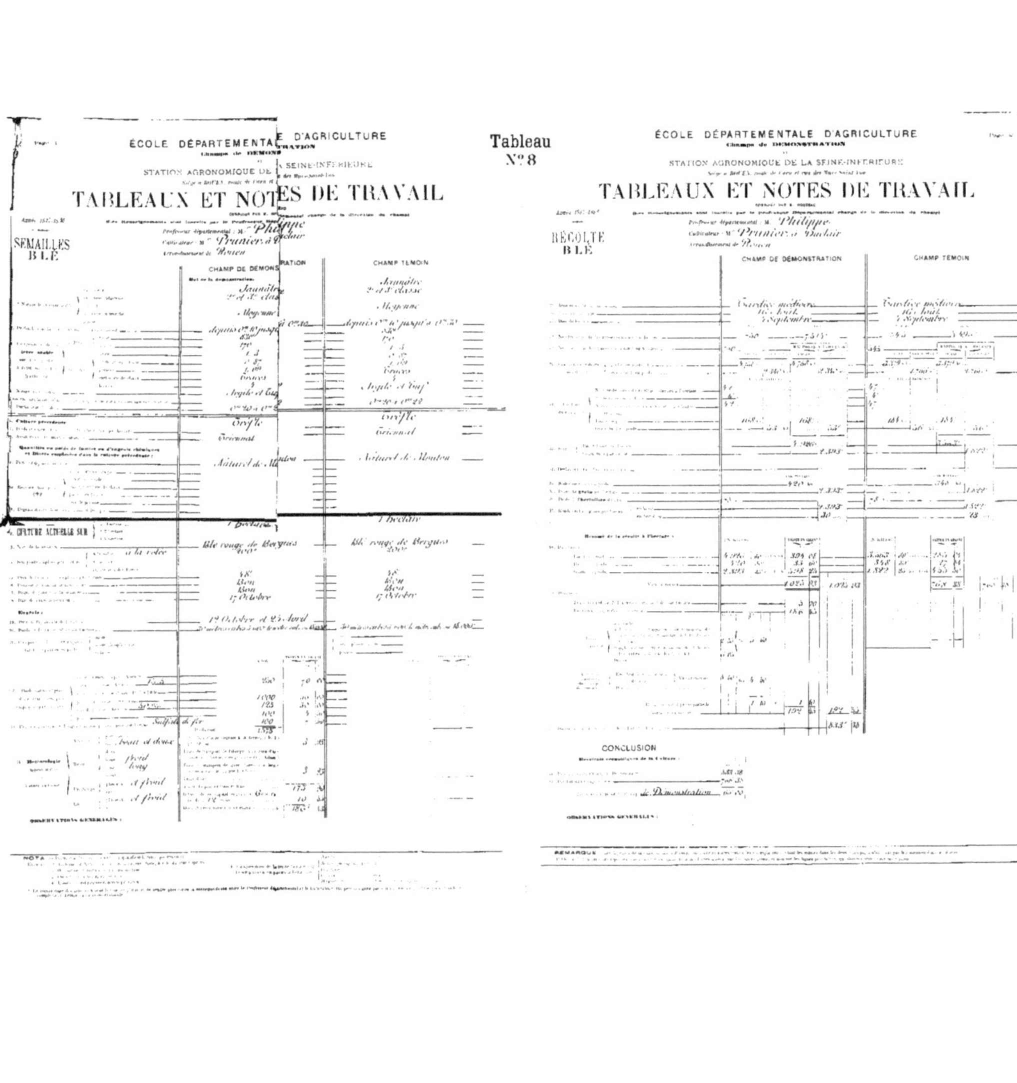

ÉCOLE DÉPARTEMENTALE D'AGRICULTURE

Champ de DÉMONSTRATION

et

STATION AGRONOMIQUE DE LA SEINE-INFÉRIEURE

TABLEAUX ET NOTES DE TRAVAIL

SEMAILLES BLÉ

Professeur départemental : M. Philippe

Cultivateur : M. Prunier, à Duclair

Arrondissement de Rouen

	CHAMP DE DÉMONSTRATION	CHAMP TÉMOIN
	Jaunâtre 2e et 3e classe	Jaunâtre 2e et 3e classe
	Moyenne	Moyenne
	depuis 0m10 jusqu'à 0m30	depuis 0m10 jusqu'à 0m30
	Argile et tuf	Argile et tuf
Culture précédente	Trèfle	Trèfle
	Triennal	Triennal
	Naturel de Mouton	Naturel de Mouton
CULTURE ACTUELLE SUR	1 hectare	1 hectare
	Blé rouge de Bergues	Blé rouge de Bergues
	Bon	Bon
	17 Octobre	17 Octobre
	1er Octobre et 25 Avril	
	Sulfate de fer	
Météorologie	Beau et doux	
	Froid	

OBSERVATIONS GÉNÉRALES :

NOTA

ÉCOLE DÉPARTEMENTALE D'AGRICULTURE

Champ de DÉMONSTRATION

et

STATION AGRONOMIQUE DE LA SEINE-INFÉRIEURE

TABLEAUX ET NOTES DE TRAVAIL

RÉCOLTE BLÉ

Professeur départemental : M. Philippe

Cultivateur : M. Prunier, à Duclair

Arrondissement de Rouen

	CHAMP DE DÉMONSTRATION	CHAMP TÉMOIN
	Javelée métive	Javelée métive
	16 Août	16 Août
	2 Septembre	2 Septembre

CONCLUSION

de Démonstration

OBSERVATIONS GÉNÉRALES :

REMARQUE

Tableau N° 9

ÉCOLE DÉPARTEMENTALE D'AGRICULTURE
Champs de DÉMONSTRATION
et
STATION AGRONOMIQUE DE LA SEINE-INFÉRIEURE
Siège à ROUEN, route de Caen et rue des Murs-Saint-Yon

TABLEAUX ET NOTES DE TRAVAIL

(Les Renseignements sont inscrits par le Professeur Départemental chargé de la direction du champ)

Professeur départemental : M. Houzeau
Cultivateur : M. Lefebvre à Grand Quevilly
Arrondissement de Rouen

SEMAILLES BLÉ et ORGE

	CHAMP DE DÉMONSTRATION	CHAMP TÉMOIN
But de la démonstration.	gris jaune	gris jaune
4. Nature du sol	Sablonneux	Sablonneux
	plat	plat
6. Culture précédente		
Quantités ou poids de fumier ou d'engrais chimiques et divers employés dans la culture précédente :		
9. Fumier	30.000	
CULTURE ACTUELLE SUR	un hectare	un hectare
14. Nom de la variété	Blé	Blé
16.	Bon	Bon
17.	Bon	Bon
Engrais :		

OBSERVATIONS GÉNÉRALES :

NOTA.

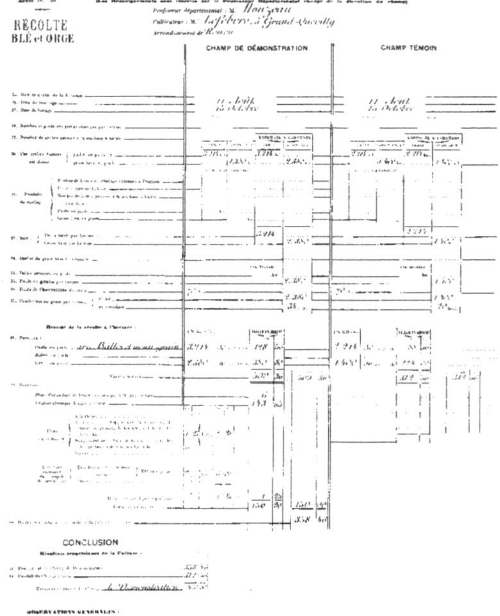

ÉCOLE DÉPARTEMENTALE D'AGRICULTURE
Champs de DÉMONSTRATION
et
STATION AGRONOMIQUE DE LA SEINE-INFÉRIEURE
Siège à ROUEN, route de Caen et rue des Murs-Saint-Yon

TABLEAUX ET NOTES DE TRAVAIL

Professeur départemental : M. Houzeau
Cultivateur : M. Lefebvre à Grand-Quevilly
Arrondissement de Rouen

RÉCOLTE BLÉ et ORGE

	CHAMP DE DÉMONSTRATION	CHAMP TÉMOIN
	11 Août	11 Août
	15 Octobre	15 Octobre

CONCLUSION

Résultats économiques de la Culture :

OBSERVATIONS GÉNÉRALES :

REMARQUE.

www.ingramcontent.com/pod-product-compliance
Lightning Source LLC
LaVergne TN
LVHW012017160826
845678LV00002B/876